BEI GRIN MACHT SICH IHR WISSEN BEZAHLT

- Wir veröffentlichen Ihre Hausarbeit,
  Bachelor- und Masterarbeit

- Ihr eigenes eBook und Buch -
  weltweit in allen wichtigen Shops

- Verdienen Sie an jedem Verkauf

Jetzt bei www.GRIN.com hochladen
und kostenlos publizieren

Bibliografische Information der Deutschen Nationalbibliothek:

Die Deutsche Bibliothek verzeichnet diese Publikation in der Deutschen National-bibliografie; detaillierte bibliografische Daten sind im Internet über http://dnb.d-nb.de/ abrufbar.

Impressum:

Copyright © 2018 GRIN Verlag
Druck und Bindung: Books on Demand GmbH, Norderstedt Germany
ISBN: 9783668784239

Dieses Buch bei GRIN:

https://www.grin.com/document/437565

Louis Hirschmann

Laborbericht AUT20. Durchführung praktischer Versuche im Hinblick auf das Themengebiet Messtechnik

Spannung / Strom Messen / LabView Ausarbeitung

GRIN Verlag

AKAD Hochschule Stuttgart in Kooperation mit Hochschule Pforzheim

Laborbericht

Thema: Labor Messtechnik (MST02S)

Abgabe: 29.01.2018

Inhaltsverzeichnis

1. Einleitung und Zielformulierung

Ziel dieses zweitägigen Labortermins mit dieser anschließenden Labor Ausarbeitung ist es, praktische Versuche in Bezug des breit gefächerten Themenbereichs der Messtechnik anhand realer Anwendungsfälle durchzuführen. Zu den verwendeten Übungen werden zum Teil zwei Multimeter gleichzeitig verwendet. In einem weiteren Bereich geht es um das grundsätzliche Verständnis in der Anwendung und Verwendung des digitalen Speicheroszilloskops. Den sehr ausführlichen Abschluss stellen die Verwendung der beiden Tools, Excel und LabVIEW dar. LabVIEW ist eine ausgeklügelte Software, welche bei der Auswertung, als auch bei der Erstellung von Regelkreisen mit einer optionalen Hardwareschnittstelle den Endanwender unterstützt. Hierbei werden grundlegende Kenntnisse erlernt und anschließend mit praktischen Übungen und der Hausaufgabe in die Tat umgesetzt.

2. Praktische Laboraufgabe: Messen mit dem Multimeter

2.1 Grundlagen der Messung mit einem Multimeter

Das digitale Multimeter eignet sich für eine Reihe von Messungen, wie zum Beispiel der Spannungs-, Wiederstands- und Strommessung. Unterschieden wird zwischen digitalen und analogen Messgeräten, die sich hauptsächlich in Bezug auf das Display unterschieden. Das analoge verfügt über eine fixe Skala, der Messwert wird über den Zeigerausschlag angezeigt. Beim digitalen Multimeter wird der Messwert direkt digital via Display angezeigt. Für die folgenden Versuche wurde ein Digitalmultimeter von der Firma ELV verwendet, mit der Typenbezeichnung JT-138.

Bei der Spannungsmessung wird die Energie, die benötigt wird ermittelt, welche notwendig ist um Ladung im Feld zu bewegen. Elektrische Spannungen werden in den meisten Fällen in der Einheit Volt *[V]* angegeben. Bei jeder Messung ist es wichtig, dass man zwischen Gleich- und Wechselspannung unterscheidet. Bei der Spannungsmessung wird das Messgerät parallel zur Spannungsquelle angeschlossen. Der Innenwiderstand des Voltmeters sollte möglichst groß sein, damit der Strom im Messzweig so klein wie möglich wird, um diesen zu vernachlässigen.

Bei der Strommessung wird immer in Reihe gemessen. Diese wird in Ampere *[A]* angegeben. Damit der richtige Strommesswert mit dem Multimeter ermitteln werden kann, muss der passende Messbereich eingestellt werden. Gleichzeitig sollte man beachten, dass die richtigen Ausgänge für die Strommessung eingesteckt werden, im Multimeter, da das Messgerät in Reihe im Stromkreis des zu messenden Stroms angeschlossen werden muss. Der Innenwiderstand des Amperemeters sollte möglichst klein sein, damit der Messwert so gering wie nur möglich beeinflusst wird.

Der erforderliche Messstrom bei der Widerstandsmessung kommt aus der Batterie, welche im Messgerät integriert ist. Die Widerstandsmessung erfolgt in den meisten Fällen parallel zum zu messenden Objekt.

Die Messunsicherheit ist Teil jeder Messung und besteht aus der Kombination eines Multiplikatorfehlers und einem linear verlaufenden Offsetfehler. Die Spezifikation der Messunsicherheiten für das jeweilige Multimeter kann in der Bedienungsanleitung nachgelesen werden. Für das im Labor verwendete Multimeter ist folgende Messunsicherheit für die Gleichspannungsmessung und einem Messbereich von 20 Volt ablesebar: 0,5 % vom Messwert + 3 d (Digits).

2.2 Aufgabenstellung und Zielsetzung

Eine Solarzelle wird mit einer Tischlampe bestrahlt, welche mit einem Halogen Leuchtmittel bestückt ist. Für diese Messung wurde das Multimeter verwendet.

Diese Versuche wurden durchgeführt:

- Messung der Leerlaufspannung des Solarzellenmoduls
- Messung des Kurzschlussstroms des Solarzellenmoduls
- Messung der Spannung mit angeschlossenem Motor
- Messung der Spannung und Strom mit angeschlossenem Motor
- Messung des Widerstands (Ohm) der Motorwicklung

2.3. Messung der Leerlaufspannung

2.3.1. Durchführung des Laborversuchs

Das Solarzellenmodul und das digitale Multimeter wurden wie in Abbildung 1 angeschlossen.

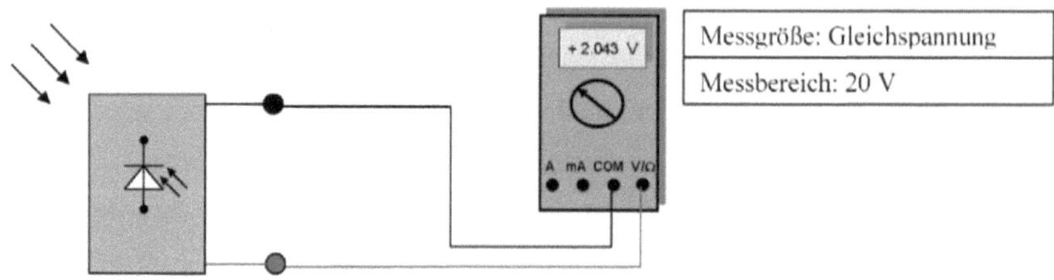

Abbildung 1: Messaufbau Leerlaufspannung Solarzellenmodul

Der Input-Steckplatz „V/OHM" zur Voltmessung des Multimeters wird mit dem Pluspol der Solarzelle verbunden. Die Masse wird mit der COM-Buchse des Multimeters verbunden. Nun wurde die Tischlampe angeschaltet. Nach dem Einstellen der Messgröße (Gleich-spannung) und des Messbereichs (20 Volt) kann die Spannung vom Multimeter abgelesen werden. Anschließend wurden die Messunsicherheit und das vollständige Messergebnis bestimmt.

2.3.2. Analyse und Ergebnis

Für die Leerlaufspannung des Solarmoduls wurde folgender Messwert abgelesen: 2,40 V. Die Auflösung des Multimeters bei einem Messbereich von 20,00 V beträgt 0,01 V. Die Messunsicherheit beträgt laut Datenblatt 0,5% des Messwertes und 3 Digits, somit: 0,005*2,40 V + 0,01 V*3 = ± 0,0419 V. Damit lautet das vollständige Messergebnis 2,40 V ± 0,0419 V.

2.4 Messung des Kurzschlussstroms des Solarzellenmoduls

2.4.1 Durchführung des Laborversuchs

Zu Beginn des Laborversuchs wurde das Multimeter auf den Messbereich 200 mA und auf Gleichstrom eingestellt. Anschließend wurden das Solarzellenmodul und das digitale Multimeter wie in Abbildung 2 angeschlossen.

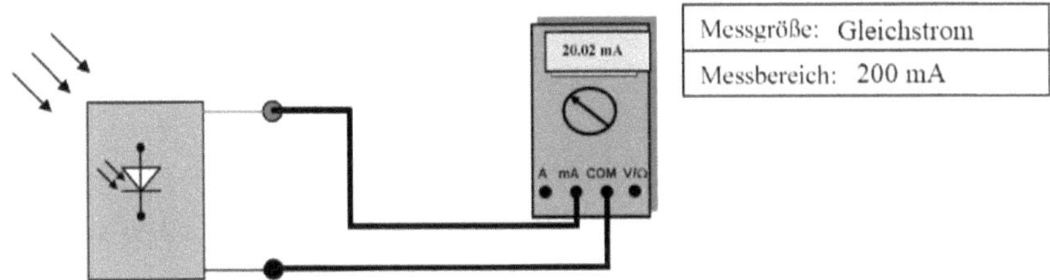

Abbildung 2: Messaufbau Kurzschlussstrom Solarzellenmodul

Der +Pol wurde an die Buchse für die Amperemessung gesteckt. Der -Pol wurde mit dem COM-Steckplatz des Multimeters verbunden. Auf dem Display des Multimeters wurde nun die Stromstärke in *mA* abgelesen, nachfolgend die Messunsicherheit sowie das vollständige Messergebnis bestimmt.

2.4.2 Analyse und Ergebnis

Folgender Messwert wurde abgelesen: 88,1 *mA*. Die Auflösung dieses Multimeters bei einem Messbereich von 200,0 *mA* beträgt 0,001 *mA*. Die Messunsicherheit beträgt laut Datenblatt 1,2% des Messwertes und 4 Digits d.h. 0,012*88,1 *mA* + 0,001 *mA**4 = ± 1,061 mA. Damit lautet das vollständige Messergebnis 88,1 *mA* ± 1,061 *mA*.

2.5. Messung der Spannung mit angeschlossenem Motor als Verbraucher
2.5.1 Durchführung des Laborversuchs

Das Solarzellenmodul, der Elektromotor und das Multimeter wurden wie in Abbildung 3 verkabelt.

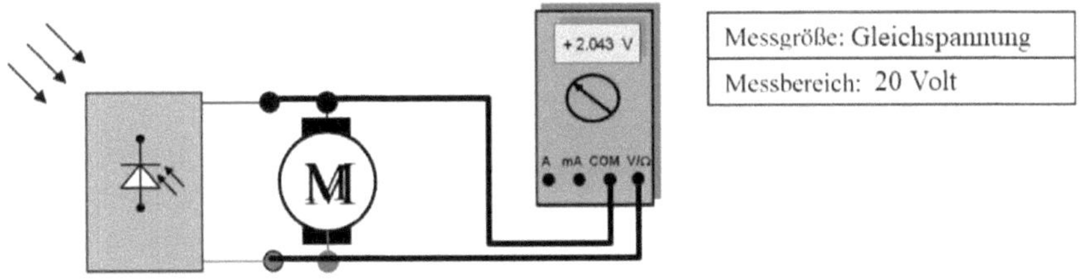

Abbildung 3: Messaufbau Spannungsmessung mit Motor

Der +Pol wird an den Input-Steckplatz „V/OHM" zur Voltmessung angesteckt. Der -Pol wird in die COM-Buchse des Multimeters gesteckt. Nun wurde wieder die Tischlampe angeschaltet. Die Messung erfolgt parallel. Nach Einstellen der Messgröße

Gleichspannung und des Messbereichs von 20 Volt, wird vom Multimeter abgelesen. Zum Ende dieses Versuchs wurden die Messunsicherheit und das vollständige Messergebnis bestimmt.

2.5.2 Analyse und Ergebnis

Folgender Messwert wurde ermittelt: 2,38 Volt. Die Auflösung bei 20,00 Volt beträgt 0,01 V. Die Messunsicherheit liegt laut Datenblatt bei 0,5% des Messwertes und 3 Digits somit: 0,005*2,38 V + 0,01 V*3 = ± 0,042 V. Damit ist das vollständige Messergebnis 2,38 V ± 0,042 V.

2.6 Messung der Spannung und des Stroms mit angeschlossenem Motor

2.6.1 Durchführung des Laborversuchs

Zu Beginn wurden auf den Multimetern die jeweils passenden Messbereiche (200 *mA* und 20 *V*) und die richtigen Messgrößen (Gleichstrom und Gleichspannung) eingestellt. Danach wurden das Solarzellenmodul, der Motor und die digitalen Multimeter wie in Abbildung 4 verkabelt.

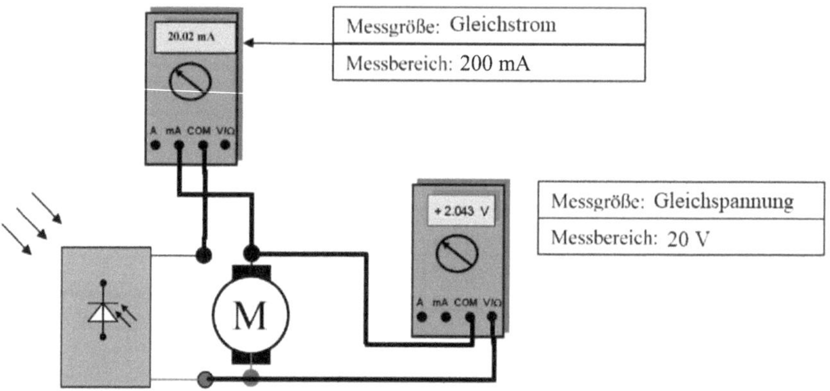

Abbildung 4: Messaufbau Spannungs- und Strommessung mit Motor

Für die Messung des Stroms ist der beteiligte Stromkreis an einer beliebigen Stelle zu öffnen, um den Strom in Reihe zu messen. Nach Einschalten der Tischlampe fließt der Strom direkt durch das erste Multimeter und wird schlussendlich gemessen. Zur

Messung der Spannung wurde das zweite Multimeter parallel zum zu messenden Objekt angelegt. Jetzt werden die Messwerte abgelesen.

2.6.2 Analyse und Ergebnis

Folgende Spannung konnte abgelesen werden: 2,30 *V*. Die Auflösung des Multimeters bei einem Messbereich von 20,00 *V* beträgt 0,01 V. Die Messunsicherheit beträgt laut Datenblatt 0,5% des Messwertes und 3 Digits, somit: 0,005*2,30 *V* + 0,01 *V**3 = ± 0,0415 *V*. Damit ist das vollständige Messergebnis 2,30 *V* ± 0,0415 *V*.

Folgender Strom wurde gemessen: 12,20 mA. Die Auflösung dieses Multimeters bei einem Messbereich von 20,0 *mA* beträgt 0,01 *mA*. Die Messunsicherheit beträgt laut Datenblatt 0,8% des Messwertes und 3 Digits somit: 0,008*12,20 *mA* + 0,01 *mA**3 = ± 0,128 *mA*. Damit ist das vollständige Messergebnis 11,80 *mA* ± 0,128 *mA*.

Für die gemessene Leistung des Motors eignet sich die folgende Formel: P=U*I = 2,30 *V* * 0,0112 *A* = 0,0258 *W*. Für die minimale Leistung des Motors ergeben sich 0,0277 *W* und für die maximale Leistung des Motors ergeben sich 0,0283 *W*.

2.7 Messung des Ohm'schen Widerstand der Motorwicklung

2.7.1 Durchführung des Laborversuchs

Das Multimeter wurde wie in Abbildung 5 in den Stromkreis integriert.

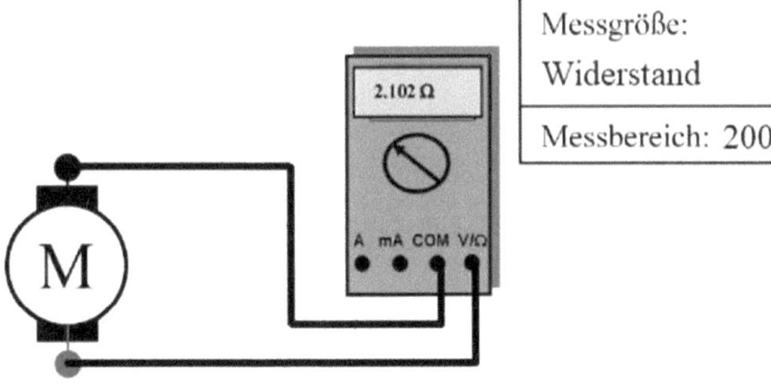

Abbildung 5: Messaufbau Ohm'scher Widerstand der Motorwicklung

Danach wurde die Messgröße Widerstand und der Messbereich von 200 *Ohm* eingestellt. Nach ablesen der Werte wurde die Messunsicherheit und anschließend das vollständige Messergebnis bestimmt.

2.7.2 Analyse und Ergebnis

Messwert: 37,2 *Ohm*. Die Auflösung bei 200,0 *Ohm* beträgt 0,1. Die Messunsicherheit beträgt laut Datenblatt 0,8% des Messwerts und 5 Digits somit folgt: 0,008*37,2 *Ohm* + 0,1 *Volt**5 = ± 0,798 *Ohm*. Damit beträgt das vollständige Messergebnis 37,2 *Ohm* ± 0,798 *Ohm*.

3. Praktische Laboraufgabe: Messen mit dem Digitaloszilloskop

3.1 Grundlagen der Messung mit dem Digitaloszilloskop

Mit einem Multimeter können nur „Momentaufnahmen" von Messwerten ermittelt werden. Benötigt man allerdings einen zeitlichen Spannungsverlauf mit grafischer Darstellung, so kommt ein digitaler Oszillograph zum Einsatz. Bei digitalen Oszilloskopen wird die Eingangsspannung mit einem AD-Wandler digitalisiert und in bestimmter Zeit gespeichert. Der Bildschirm des Digitaloszilloskop zeigt auf der horizontalen X-Achse die fortschreitende Zeit und auf der vertikalen Y-Achse die zeitlich dynamische Spannung an. Das Signal mit der Abtastrate abgerufen. Dabei kommt es oftmals zu einer Phasenverschiebung, da das Signal nicht immer zur gleichen Zeit abgegriffen wird. Abhilfe schafft hier das Triggern. Der Trigger Schwellwert legt fest, bei welcher Spannung und ob bei steigender oder fallender Flanke die Messung beginnen soll.

3.2. Durchführung und Ergebnis Laborversuch

Der Aufbau gestaltet sich aus einer Gabellichtschranke, zwischen dieser der Motor mit montierter Platte positioniert wird. Bei jedem vollständigen Umlauf des Motors wird die Lichtschranke ausgelöst. Ziel des Versuches war es, die Drehzahl mit Hilfe des digitalen Oszilloskops auszuwerten. In unserem Fall wurde ein Amplitudenabstand von 2,3 *D* gemessen bei einer Abtastrate von 20 *ms*. Eine Periode entspricht daher 2,3 *D* multipliziert mit 20 *ms*, woraus sich 46 *ms* ergeben. Daraus ergibt sich eine Frequenz von 21,7 *Hz*, wodurch die Drehzahl mit der Multiplikation mit 60 errechnet werden können. Schlussendlich ergibt sich eine Drehzahl von 1302 *U/min*.

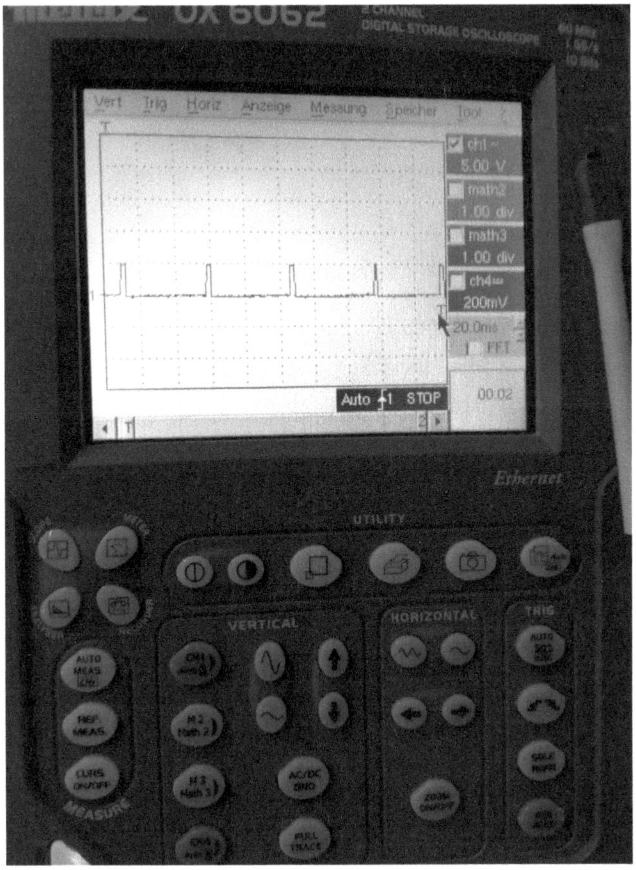

Abbildung 6: Oszilloskop

4. Der Start mit LabVIEW

4.1 Einleitung

LabVIEW ist ein innovatives Entwicklerprogramm, welches über eine grafische Oberfläche, sowohl für den Input, als auch für den Output verfügt. Ebenso kann das Ergebnis in grafischer Art und Weise visualisiert werden. Mit diesem Programm können logische und komplexe Algorithmen einfach dargestellt und integriert werden.

Gleichzeitig kann LabVIEW mit einer physischen Schnittstelle verbunden werden, welche es erlaubt das eigens kreierte Programm in die reale Welt zu übertragen. Von Ampelschaltungen bis hin zu komplexen Steuerungen einer intelligenten Klimaautomatik mit der Integration einer Vielzahl von Sensoren ist mit LabVIEW so gut wie alles möglich. Ein großer Pluspunkt ist der visualisiert aufgebaute Quellcode, welcher es möglich macht mit einzelnen Modulen einen Algorithmus zu erstellen, dabei ist stets Übersicht gewährt, was gleichzeitig bei Ergänzungen oder der Fehlersuche eine deutliche Erleichterung darstellt.

4.2 Laborübung 5 – Case (boolean)

Ziel dieser Übung ist es eine sogenannte Case Struktur zu erstellen. Dabei sollen stets Werte von zufällig generierten Zahlen angezeigt werden, welche sich in *[-0,5;0,5]* bewegen.

Die Realisierung gelingt wie folgt. Wichtig ist, dass gleich zu Beginn eine While-Schleife erstellt wird, da diese vorerst für eine ständige Wiederholung des Programms dient. Der Ausgangswert stellt eine zufällig generierte Zahl von *[0;1]* dar, welche sodann mit dem Wert 0,5 subtrahiert wird. Da die While-Schleife in diesem Programm fortlaufend dafür sorgt, dass neue Zahlen generiert werden, wird diese bei jedem Durchlauf mit der Bedingung ≥0 addierend zugeordnet. Jetzt kommt die Case Structure ins Spiel, denn diese implementiert eine Abgrenzung von True oder False Werten. Es wird sozusagen eine Regel erstellt mit „was passiert bei False" und „was passiert bei True". Übertragen auf das Beispielprogramm bedeutet dies, dass ein Wert welcher die Bedingung *[-0,5;0,5]* erfüllt, von der Structure Case akzeptiert wird und an ein Output in Form von beispielsweise einer Anzeige weitergegeben werden kann. Ist der Wert ≤0 so wandert dieser Wert zwar durch die Structure Case, aber jedoch bei False. Da das menschliche Auge über eine relativ geringe Reaktionszeit verfügt, wurde zusätzlich innerhalb der While-Schleife ein „Wait" Modul integriert, welches in diesem Fall eine zeitliche Verzögerung von 500 *ms* Sekunden realisiert. Diese Verzögerung kann selbstverständlich beliebig angepasst werden.

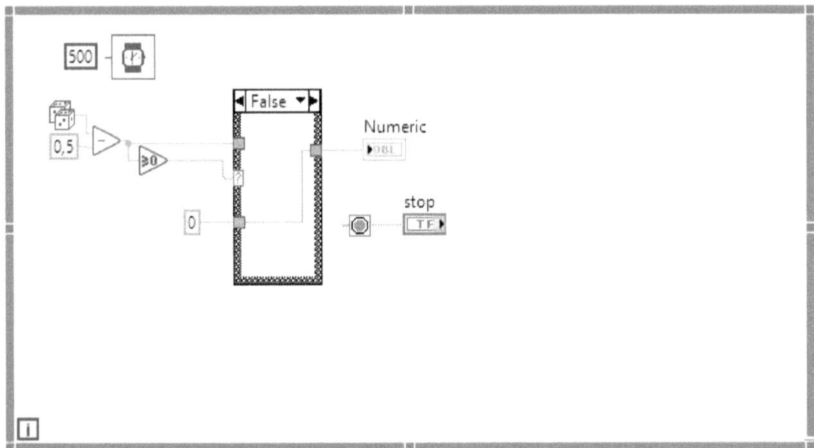

Abbildung 7: Case Boolean False

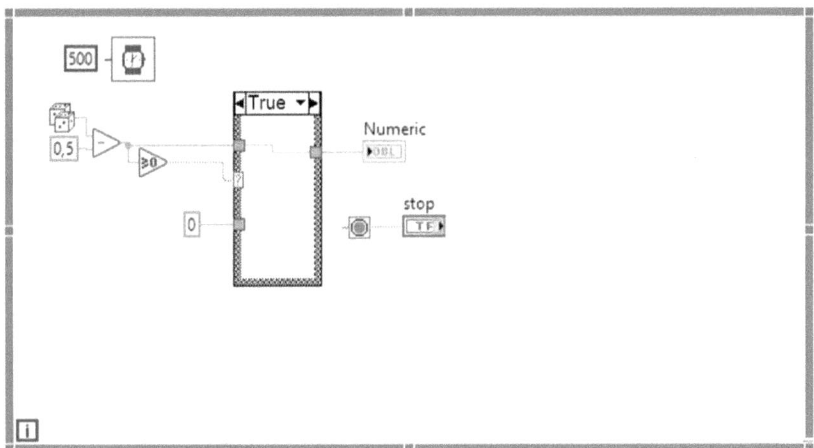

Abbildung 8: Case Boolean True

4.3 Laborübung 6: Zähler mit Taster

Ziel ist die Realisierung eines Programms, welches mit dem ursprünglichen Wert 0 die Ausgangssituation darstellt und mit jedem Mal Betätigen des Tasters diesen Wert um 1 erhöht.

Für diese Übung eignet sich für die Bedienung des dann fertigen Programms ein Taster. Geeignet hierfür wäre in LabVIEW unter „Boolean" der „OK Button". Dieser Taster initiiert bei Betätigung die Ausführung des gewünschten Ereignisses. Die Realisierung jenes wird im Folgenden beschrieben. Man bedient sich nun wieder an der Case Structure, welche mit der Bedingung einer Und-Funktion verknüpft wird. Daher gilt: Wenn beide Eingänge auf True stehen, erlangt auch die Case Structure den Status True. Als logische Folge dessen wird damit der Ursprungswert mit dem Wert 1 addiert – einfach, es wird hochgezählt. Da auch bei dieser Übung eine grafische Darstellung des neuen Werts von Nöten ist, wird auch hier der neue Wert aus der Case Structure aber innerhalb der While Schleife heraus befördert und an eine Anzeige weitergeleitet („Numeric"). Steht die Case Structure auf FALSE, so wurde der Taster nicht betätigt. Die nun verwendete Funktion des Shift-Registers sorgt dafür, dass der jetzt generierte Wert gespeichert wird und für die jeweils folgenden Aktionen immer hinterlegt bleibt. Damit erreicht man, dass immer vom aktuellen Wert hochgezählt wird. Auch hier wird Schlussendlich eine zeitliche Verzögerung eingesetzt.

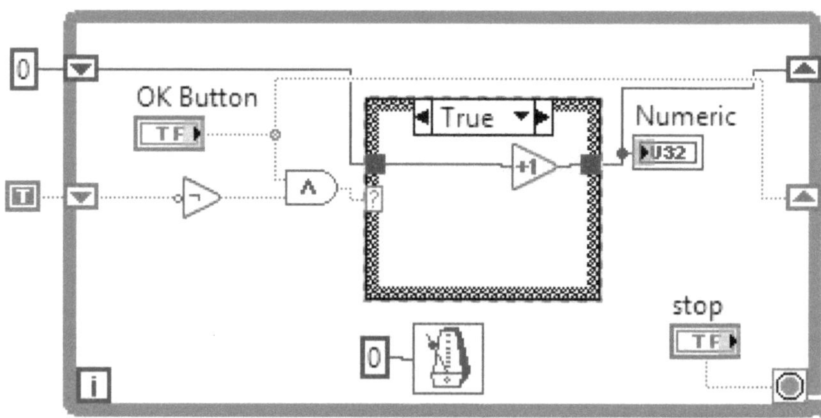

Abbildung 9: Zähler mit Taster, Case true

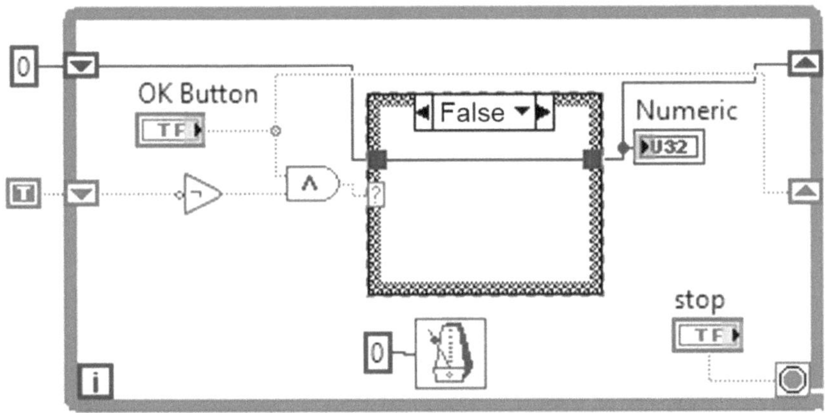

Abbildung 10: Zähler mit Taster, Case false

4.4 Laborübung 7: Stoppuhr

Wie bekannt funktioniert eine Stoppuhr, indem der Start Knopf betätigt wird. Gestoppt wird die Messung nach betätigen des Stop Tasters.

Für die Erstellung des Programms in LabVIEW stellt wieder die WHILE Schleife den Ausgangspunkt dar, denn diese Umschließt später das gesamte Programm. Nun wird ein OK-Button platziert, welcher später als Taster für das Startsignal dienlich ist. Eine nun eingebaute Case Structure sorgt dafür, dass diese auf TRUE steht, sobald der Starttaster betätigt wird. Ist dies der Fall so wird jedoch eine WHILE Schleife innerhalb der Case Structure additiv benötigt. Gleichzeitig muss wiederum außerhalb, wie innerhalb der WHILE Schleife ein „Tick Count" gesetzt werden. Die endgültige Zeitzählung erhält man damit, dass der innere wie äußere Tickcount voneinander subtrahiert wird. Wird zum aktuellen Zeitpunkt dieser Taster nicht betätigt, so steht die Case Structure ganzzeitlich auf FALSE. Der Wait-Until-Next wird außerhalb der Case Structure platziert, womit eine Verzögerung von 1 ms für den darauffolgenden Durchlauf gewährleistet wird. Das nächste Wait Until Next Modul wird mit dem Wert 10 versetzt, um die aktualisierungsrate der Stoppuhranzeige auf ein praktikables Level zu minimieren. Die Addierung von dem Wert 1000 hat zur Folge, dass die Stoppuhr direkt bei 1000 ms, also einer Sekunde startet. Damit die Stoppuhr sinnvollerweise auch gestoppt werden kann, wird schlussendlich noch ein Stop Taster in der inneren While Schleife hinzugefügt.

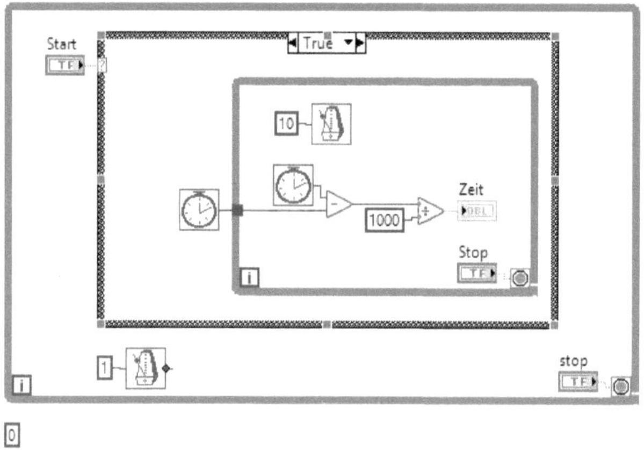

Abbildung 11: Stoppuhr

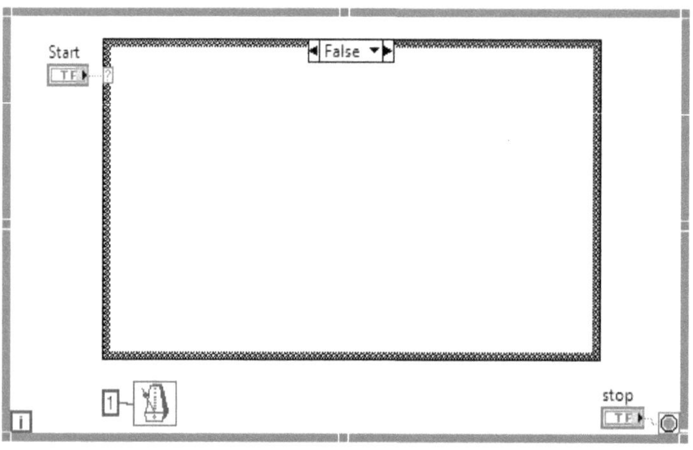

Abbildung 12: Stoppuhr

4.5 Übung 8: Würfel mit Statistik

Die Übung 8 handelt von dem Modul Random, welches nur ganze Zahlen von 1 bis 6, ganz wie der reelle Würfel zufällig generieren soll. Jede Zahl die gewürfelt wird gilt es erstens grafisch darzustellen. Diese Grafik gilt es jedoch so darzustellen, sodass eine Art Übersicht bzw. Statistik angezeigt wird. Für dieses Programm ist dieses mal nur eine WHILE Schleife nötig das Modul Numeric – Random Number stellt in diesem Fall den Zufallsgenerator oder vereinfach ausgedrückt, den Würfel dar. Wenn nun eine zufällige Zahl generiert wurde, so wird diese auf die nächst größere aufgerundet. Das gelingt mit dem Modul Round Toward + Infinity. Natürlich müssen die generierten Zahlen gespeichert werden, dies wird mit dem Modul RMT im Block Diagram – Array – Initialize Array. Hierbei wird ein 7-Dimensionales Array benötigt. Zwar könnte man meinen, dass ein 6-Dimensionales auch ausreichend wäre, Beachtung muss allerdings der 0 geschenkt werden, wodurch die Anzahl 7 als plausibel erscheint. Wichtig ist hierbei, dass dieses außerhalb der WHILE Schleife platziert werden muss, um später das gewünschte Ergebnis zu erhalten. Gleichzeitig wird dieses Array durch die WHILE Schleife getunnelt, wodurch innerhalb der WHILE Schleife ein Startwert generiert wird. Das Index Array greift den Zahlenwert für die Addierung des zu erhöhenden Indexes auf. Diese Zahl wird schließlich mit dem Wert 1 addiert und mit Replace Array Subset an den zuvor generierten Zahlenwert angepasst. Die gewünschte grafische Darstellung wird mit dem Waveform Graph realisiert. Wie in den anderen Beispielen wird die Aktualisierungsrate auf 500 mal pro Minute reduziert, um eine gewisse Übersicht zu gewähren. Hier wird wieder das Modul Timing – Wait Until Next gewählt.

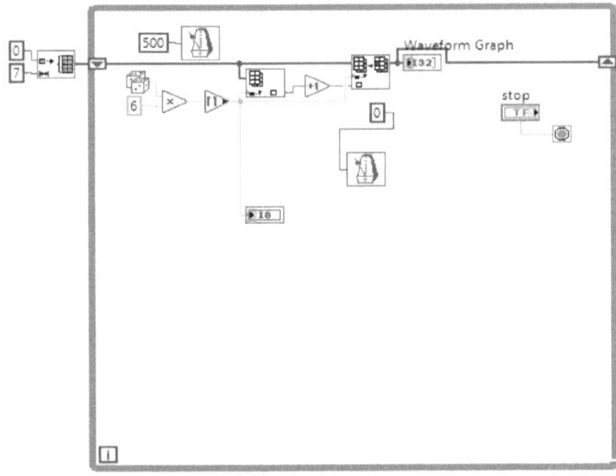

Abbildung 13: Würfel mit Statistik

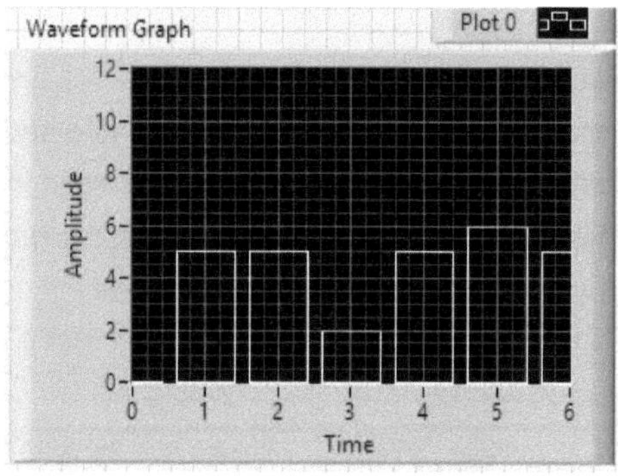

Abbildung 14: Würfel mit Statistik

5. Datenerfassung mit der Multifunktionskarte von National Instruments (USB-6008)

Die Multifunktionskarte von National Instruments stellt eine mögliche Schnittstelle zwischen Software und Hardware her. Die Karte ermöglicht es unter Anderem Sensoren und LEDs anzusteuern und Daten in ein Signal umzuwandeln.

5.1 Übung 1: Kalibrieren des Wegsensors mit LabVIEW inkl. Parameter

Inhalt der Übung 1 ist die Kalibrierung des potenziometrischen Wegsensors und die Generierung einer Kennlinie aus Messdaten mit der Hilfe von LabVIEW. Der Messaufbau besteht aus der Messkarte, dem Wegsensor, einem PC und einem Labornetzteil. Grundsätzlich wird der Wegsensor mit Masse und Spannung versorgt. Die Messkarte wird mit Masse und der Signalleitung des Sensors verbunden. Kalibrieren bedeutet vereinfacht ausgedrückt, dass alle vorhandenen Mittel an die Aufgabe und die Umgebung angepasst werden. Zuerst wird die Spitze des Wegsensors so eingestellt, dass diese die Bodenplatte des Sensors berührt. Die Kalibrierung erfolgt in diesem Fall mit der Aufnahme von Referenzstücken. Hierbei handelt es sich um kleine Rundlinge aus Metall welche jeweils über eine Höhe von 10 mm verfügen. In dieser Übung werden vier dieser Referenz Exemplare verwendet welche nach jedem Durchgang um einen mehr übereinandergestapelt werden. Bevor der nächste aufgelegt wird, wird der aktuelle Messwert aufgenommen. Schlussendlich erhält man die Spannungswerte vom Messbereich von 0 bis 40 mm. Die Programmerstellung erfolgt vorerst mit der klassischen Methode, wie sie im Kapitel 2.7.1 im Heft MST202 beschrieben ist. Damit die Zuordnung der Werte vom Verhältnis aus Weg und Spannung gelingt, werden 2 Module, welche auf den Namen Array Constant hören, benötigt. Durch ein vergleichbares Dropdown Menü kann das Array um 5 Felder erweitert werden. Ein Bundle verbindet die beiden Arrays, das Bundle wiederrum wird mit einem XY Graphen für die grafische Darstellung verbunden.

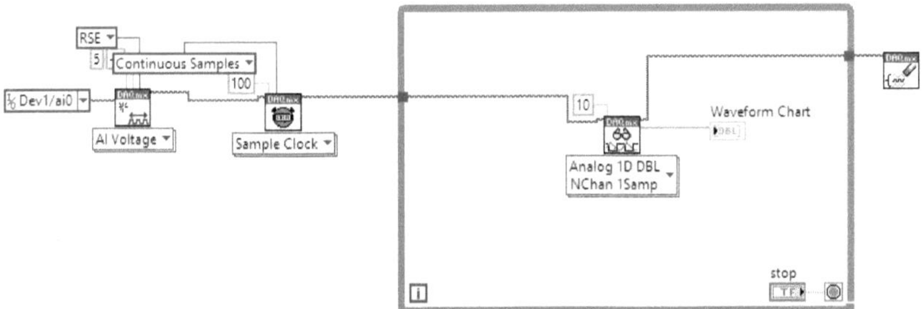

Abbildung 15: Kalibrieren des Wegsensors

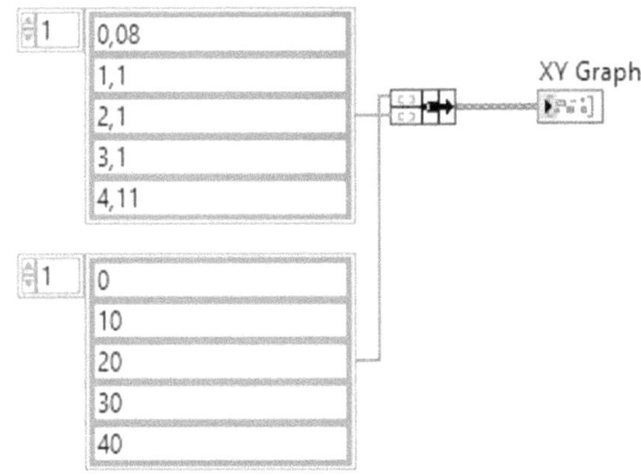

Abbildung 16: Kalibrieren des Wegsensors

Zwar sind bisher einige Messwerte zu Stande gekommen, dennoch ist der Sensor bis jetzt noch nicht kalibriert. Die Grundlage dafür besteht jedoch aus den vorangegangenen Schritten bereits. Dem vorhandenen Programm wird ein Linear Fit hinzugefügt. Der X-Achse werden die Werte für den Weg zugeteilt. Der Y-Achse jene, die die Spannung beschreiben. Der Output (Best Linear Fit) beschreibt den Steigungs- und Offsetfehler. Beide Werte werden gebündelt und ergeben damit ein Array, welches über einen XY Graphen dargestellt wird.

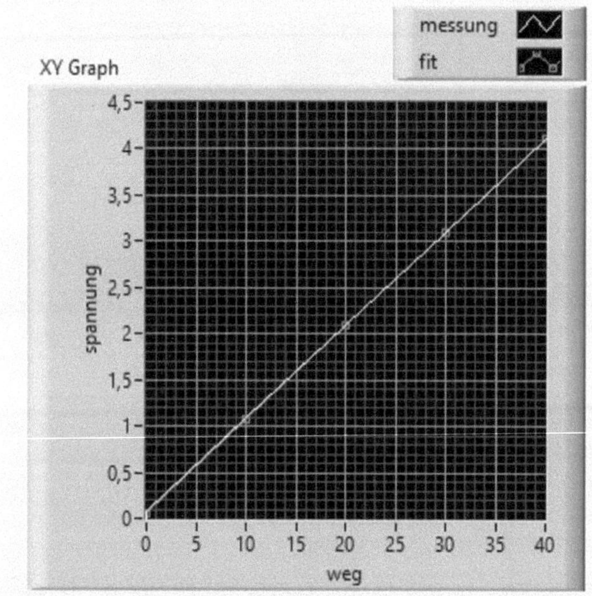

Abbildung 17: Kalibrieren des Wegsensors

Da der Sensor nun erfolgreich kalibriert wurde kann eine erste Beispielmessung eines beliebigen Körpers vorgenommen werden. In diesem Fall wird ein kleiner Kunststoffgegenstand vermessen. Nun wird das Programm ähnlich wie im Kapitel 2.9 auf Seite 39 in MST202 aufgebaut. Der Offsetfehler wird in die While Schleife getunnelt und dabei vom Messergebnis abgezogen. Jetzt wird durch den Steigungsfehler dividiert und man erhält das vollständige Messergebnis nach der Formel $s = \frac{U-U_0}{k}$.

5.2 Übung 2: Temperatursensor, wesentliche Änderungen zu Übung 1

Ein wesentlicher Unterschied in Bezug auf die vorherige Übung ist, dass die Kennwerte für den Offsetfehler und den Steigungsfehler aus dem Datenblatt abgelesen werden. In der Übung 1 wurden diese aufwendig errechnet. Die zulässige Betriebsspannung erstreckt sich auf einen Bereich von 3,1 bis 5,5 Volt. In unserem Laborversuch wurde die Spannung verwendet, welche ein USB Steckplatz zu Verfügung stellen kann. Diese Spannung beläuft sich auf 5 Volt. Der Offsetfehler beträgt 400 mV, der Temperaturkoeffizient 19,5 mV/K. Um da vollständige Messergebnis richtig aufschlüsseln zu können bedient man sich wieder an der Formel, wie in Übung 1:

$$s = \frac{U - U_0}{k}.$$

Diese neu ermittelten Kennwerte müssen natürlich gegen die alten Werte im LabVIEW Programm ausgetauscht werden, denn der auch der Temperatursensor gibt eine Spannung aus, welche mit Hilfe der Messkarte und LabVIEW in ein digitales Signal umgewandelt wird, welches gleichzeitig je nach Wunsch in einen grafischen Verlauf dargestellt werden kann. In unserem Fall wurde eine Temperatur von 23,67 °C gemessen.

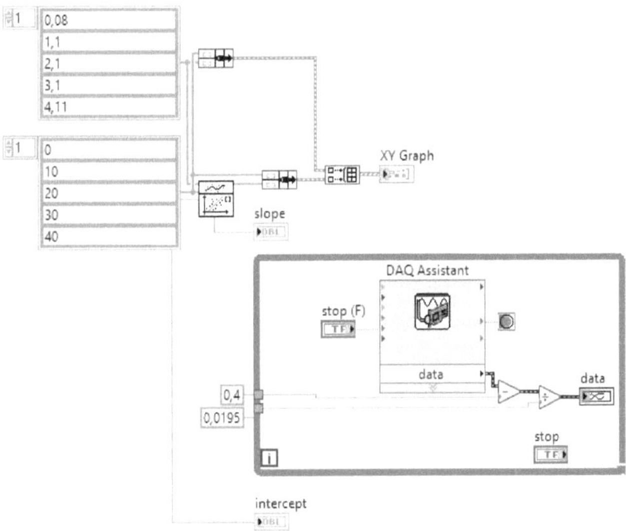

Abbildung 18: Temperatursensor

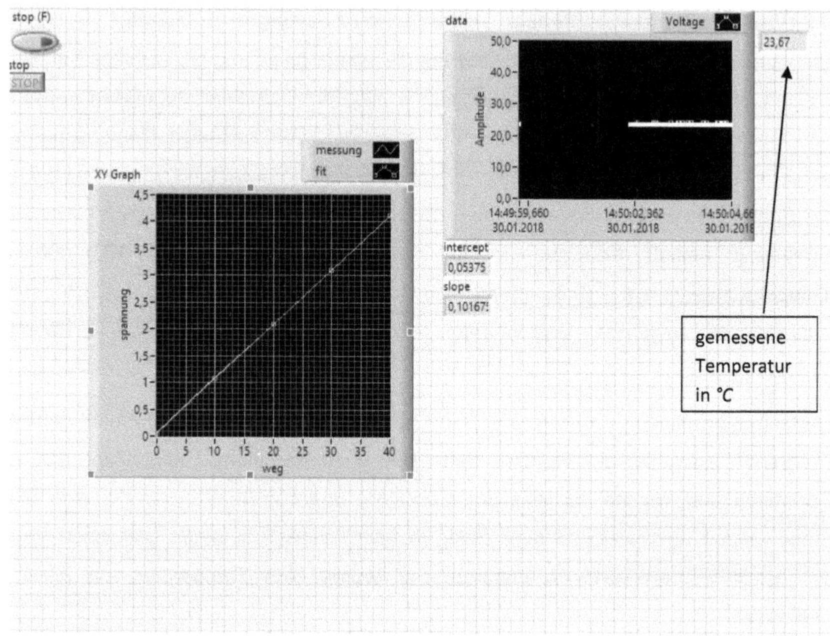

Abbildung 18: Temperatursensor

5.3 Übung 3: Lichtschranke auswerten: ohne Zähler und Zeitmessung

Im letzten praktischen Versuch des Assignments wurde eine LED in die LabVIEW Umgebung integriert, welche genau dann leuchten soll, bis ein Stück Pappe in die Lichtschranke geschoben wird. Vereinfacht soll die LED genau dann Leuchten, wenn das Signal der Lichtschranke unterbrochen ist. Die Lichtschranke wird an einen digitalen Eingang der Messkarte verbunden, gleichzeitig wird ein digitaler Eingang in LabVIEW erstellt. Weiterhin muss eine „create constant" erstellt werden, am Anschluss des Inputs. Darauffolgend wird eine While Schleife erstellt, welche eine Digital Bool und eine LED einschließt. Dies garantiert, dass die Daten ständig abgegriffen werden. Die Digital Bool muss auf Boolean (1 Line) umgeschaltet werden.

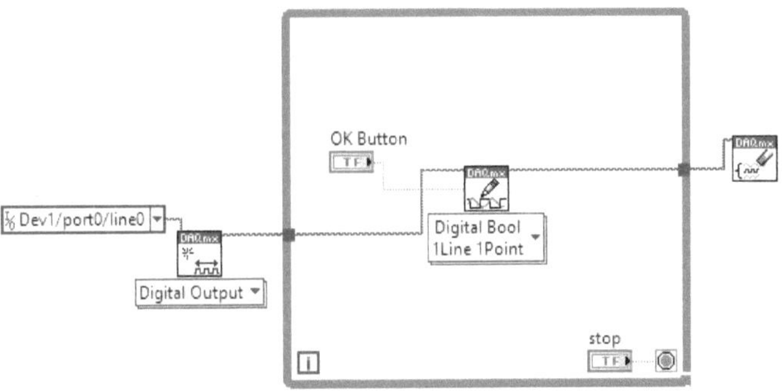

Abbildung 19: Lichtschranke

5.4 Hausaufgabe

Mit LabVIEW soll ein Programm erstellt werden, welches eine Umrechnung vom dezimalen in ein siebener Zahlensystem mit den Ziffern 0 bis 6 realisiert. Im Genauen soll die persönliche Immatrikulationsnummer in einem 7er Zahlensystem dargestellt werden. Grundsätzlich soll hier eine Umrechnung vom dezimalen in das siebener Zahlensystem durchgeführt werden.

Im LabVIEW Programm wurde der Schleife von außen die individuelle Immatrikulationsnummer im zehner Zahlensystem zugespielt, in Form einer Numeric Constant. Soll eine andere Zahl aus dem Zehnersystem umgewandelt werden, so kann diese jederzeit im Block Diagramm geändert werden. Im nächsten Schritt erfolgt eine Division mit dem Wert 7, welche sodann abgerundet wird und einem zusätzlich eingefügtem Shift-Register zur Verfügung gestellt wird. Das jeweils neue Ergebnis wird dadurch der Schleife immer wieder bereitgestellt. Dies wird so lange widerholt, bis das Ergebnis der letzten Division 0 ergibt. Zusätzlich wird jeweils das Ergebnis mit 7 multipliziert und je nachdem auf- oder abgerundet. Die Entscheidung dafür wird in der Case Structure getroffen. Die Ergebnisse werden nun in ein Array fortlaufend integriert.

Im letzten Schritt wird wie von der Aufgabenstellung gefordert eine Inversion des Ergebnisses durchgeführt (mit Reverse 1D Array). Diese Inversion erscheint logisch, wenn man sich im Folgenden die validierende manuelle Berechnung ansieht. Daraus ist ersichtlich, dass das resultierende Ergebnis von unten nach oben in die horizontale

Schreibweise übertragen wird. Die Funktion wait until next, dient unter Anderem der Reduzierung der benötigten Ressourcen seitens der Hardware (CPU).

Die abschließende Validierung des Ergebnisses wurde mit einer manuellen Berechnung durchgeführt. Die Immatrikulationsnummer lautet: 2687800

(1) 2687800:7=383971   R3

(2) 383971:7=54853   R0

(3) 54853:7=7836   R1

(4) 7836:7=1119   R3

(5) 1119:7=159   R6

(6) 159:7=22   R5

(7) 22:7=3   R1

(8) 3:7=0   R3

Die manuelle Berechnung ergibt das Ergebnis im siebener Zahlensystem: 31563103.

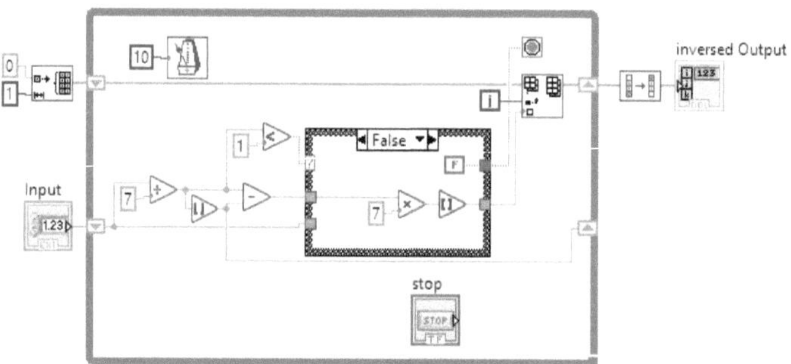

Abbildung 20: Hausaufgabe

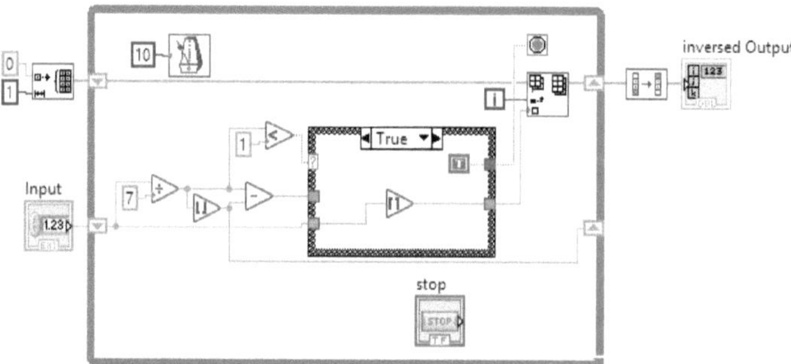

Abbildung 21: Hausaufgabe

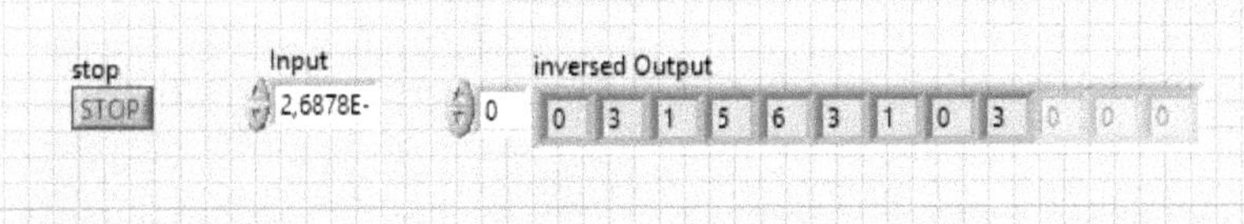

Abbildung 22: Hausaufgabe

6. Anhang

6.1 Abbildungsverzeichnis